叶晓川

著

安全长大

给孩子的安全教育小百科

天津出版传媒集团

天津科学技术出版社

图书在版编目（CIP）数据

安全长大 ：给孩子的安全教育小百科 / 叶晓川著
. -- 天津 ：天津科学技术出版社，2023.4
ISBN 978-7-5742-1056-1

Ⅰ．①安… Ⅱ．①叶… Ⅲ．①安全教育－儿童读物
Ⅳ.①X956-49

中国国家版本馆CIP数据核字(2023)第059674号

安全长大 ：给孩子的安全教育小百科
ANQUAN ZHANGDA ： GEI HAIZI DE ANQUAN JIAOYU XIAOBAIKE

责任编辑：滑小愚

责任印制：赵宇伦

出　　版：天津出版传媒集团
　　　　　天津科学技术出版社

地　　址：天津市西康路35号

邮　　编：300051

电　　话：（022）23107822

网　　址：www.tjkjcbs.com.cn

发　　行：新华书店经销

印　　刷：唐山市铭诚印刷有限公司

开本 880×1230　1/32　印张 5　字数 53 000
2023年4月第1版第1次印刷
定价：36.00元

序言
PREFACE

走失被拐、溺水频发、校园欺凌、沉迷网络等孩子的安全问题都是家长们担忧的事情。在孩子成长的过程中，他们的善良、单纯使得他们在面对复杂的社会环境时，对危险缺乏认知和感知能力，所以家长需要时时进行叮嘱。

要想让孩子平安长大，从小的安全教育不可忽视。与其整天为孩子担忧，不如从小对孩子进行系统的安全教育。在生活中逐步培养孩子的安全意识，让孩子具备应对各种危险的能力。

本书围绕"安全成长"这一主题展开，内容囊括时下重要的儿童安全热点问题及40个安全技能，将居家安全、食品安全、交通安全、校园安全、公共安全、户外安全、网络安全、心理安全一次性讲透，是一本全面的儿童安全指南。

本书用漫画形式展现孩子在日常生活中的各种安全隐患场景，形象生动，寓教于乐。书中还给出了科学的应对方法，让孩子在轻松的氛围中学习安全常识，获得安全技能。另外，本书设置了丰富的板块，包括"安全隐患""安全要点""安全考场""安全小科普"等，对内容进行详细的、多方位的解析，让安全意识更深刻地植根于孩子心中。

需要注意的是，在引导孩子建立安全意识、学习安全技能时，要给孩子充分的自由。孩子的安全成长固然重要，但我们不能因噎废食，不要为了安全而一味禁止孩子的行动。过度监管只会剥夺孩子的自由和天性。

希望本书可以成为家长和孩子的好伙伴。让家长不再担忧，让孩子安全、健康地成长，是我们共同的心愿！

目录
CONTENTS

第一章
安全居家我能行

小心插座"咬人"

电非常危险，它藏在家里的每一个插座或家用电器里。记住：电，千万摸不得！

安全隐患

⚡ 人体是一个导体，我们一旦触电，电流就会遍布全身。轻则心慌、身体发麻、产生刺痛感，重则立即死亡。

⚡ 我们如果不小心把水、果汁等液体溅入插座孔里，就会导致电路短路，可能会使家里的电器着火，甚至引发更大的火灾，烧毁家里的一切。

安全要点

⊙ 不要用湿手触碰插座。

⊙ 不要在插座旁边放置装有水的器皿，也不要在插座旁边喝水或玩水。

⊙ 不要用湿抹布擦拭插座或开着电源、正在工作的电器。

⊙ 不要随意拉拽插座的电线，以免电线断裂使人触电。

⊙ 不要用手指或金属物件触碰插座的小孔。

当遇到以下这些情况时，你能判断出对错吗？

---

1. 插座冒烟了，用水泼。

千万不能这么做。水是导体，一旦接触插座，电就会随着水到处跑；而且水会导致电路短路。当电器或插座着火时，我们如果用水灭火，就犹如火上浇油，只会使情况越来越糟糕。

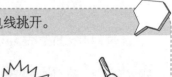

---

2. 有人触电了，用干燥的木棍把电线挑开。

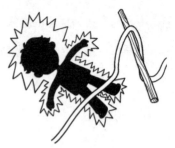

这种做法是科学的，但也存在一定危险，小孩子不要轻易尝试。

安全长大：给孩子的安全教育小百科

3. 通电的电源线放置在暖气片上。

这种做法是错误的。任何电源线都应该避开温度高的地方。供暖中的暖气片温度较高，容易使电线熔化，造成漏电、火灾等事故。

4. 插座插满了大功率电器。

最好不要这样做。数量过多的大功率电器同时工作的话，会使插座超负荷，容易发热、起火，引发安全事故。

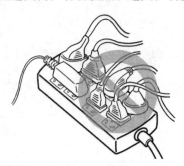

当你一个人在家时，如果插座起火了，该怎么做？

▶ 立即关闭家里的电闸，迅速用灭火毯或灭火器灭火。

▶ 如果不知道如何关闭电闸或使用灭火设备，可以立即跑出家门，呼叫邻居，请求帮忙。

▶ 如果火势过大，应立即离开房屋，赶紧拨打爸爸妈妈的电话或"119"火警电话。

 安全小科普

　　如果发现有人触电，千万不能用手去拉触电者，我们身体的任何部位都不能直接接触触电者，否则会因为触到电流而导致肌肉痉挛、失去行动能力，甚至死亡。正确的做法是立即呼救，请大人帮忙，如果知道电闸的位置以及正确的关闭方法，我们也可以第一时间关闭电闸。

　　触电者脱离电源后，如果仍处于昏迷状态，应注意保持空间通风，解开触电者胸前的衣扣，使其保持呼吸畅通，然后立即拨打"120"急救电话。

啊！危险的煤气泄漏了

煤气泄漏会导致人中毒。空气中的煤气在达到一定浓度时，一旦遇到火源，还会"砰"的一声发生大爆炸！

安全隐患

⚡ 煤气如果大量泄漏，对人体会有一定的麻醉作用，使人出现昏迷症状，若救治得不及时，则可能会危及生命。

⚡ 煤气如果大量泄漏，一旦遇见火花，就会发生爆炸。爆炸产生的巨大威力甚至能炸毁房屋。

安全要点

⊙ 点煤气灶时，如果一次没点着，就要及时关闭，不要一直按着开关，否则煤气会一直往外泄漏。如果多次点火都点不着，就关闭开关，等室内的煤气散去后再重新点火。

⊙ 在煤气灶上烧水或做饭时，要注意壶中或锅中的水不宜过满，因为水一旦溢出把火浇灭，就很容易导致煤气泄漏。

⊙ 使用煤气灶时，一定要有人在旁边照看，不可长时间离开。一旦发现火灭了，就要立即关闭煤气灶的开关，并开窗通风。

⊙ 如果浴室使用的是燃气热水器，我们洗澡时一定不要锁浴室的门，同时要注意开窗或开排风扇，保持浴室通风。

安全长大·给孩子的安全教育小百科

安全考场

以下做法正确吗?

1. 走进厨房，闻到煤气的臭味，立即开灯检查。

空间内的煤气在达到一定浓度时，遇到一点儿火花就会发生爆炸。所以我们发现煤气泄漏时，一定不要开灯，不要开电源开关或点明火。(注：煤气本身无色无味，但在生活中，为了便于人们判断煤气是否泄漏，煤气厂会对煤气进行加臭处理，所以我们日常闻到的煤气有臭味。)

2. 发现煤气罐着火了，立即关阀门。

当发现煤气罐着火时，正确的做法是先用湿毛巾盖住煤气罐的阀门，然后慢慢地将阀门关闭。千万不能让煤气罐倒下，否则极易发生爆炸。当然，我们如果遇到这种情况，要赶紧远离着火的煤气罐，呼叫爸爸妈妈来处理，或者拨打"119"火警电话。

如果你感到自己煤气中毒了，该怎么办？

► 如果觉得头晕、恶心，意识到自己可能是煤气中毒了，就捂住口鼻，迅速去关闭煤气阀门，然后开窗通风，最好立即离开充满煤气的环境，到通风良好、空气新鲜的地方。

► 如果感觉全身无力，无法行走，就趴下，爬到门边或窗边，打开门窗呼救。

安全小科普

　　煤气中毒后，人通常会感觉头晕、恶心，还可能呕吐、四肢无力，严重时还会出现抽搐、口吐白沫，甚至昏迷的情况。可见，煤气对人体的危害很大。在日常生活中，我们一定要练就敏锐的觉察力，以便能及时发现煤气泄漏情况。一旦感觉头晕、恶心，就要迅速开窗通风，或立即离开所处的环境。

不要爬阳台窗户

窗外的风景虽美，但千万不要爬窗观景，否则容易发生坠落事故。

安全隐患

⚡ 在阳台或窗边玩耍时，容易发生高空抛物的情况。比如，不小心让手里或阳台上的物品掉下楼，砸到楼下的行人，导致非常严重的后果。

⚡ 如果阳台的栏杆或窗户的护栏老化，或者固定它们的螺丝松动的话，人倚靠或攀爬时，很容易发生坠楼事故，危及生命安全。

安全要点

⊙ 远离未封闭的阳台，千万不能攀爬阳台或将身体探出护栏。

⊙ 在封闭的阳台玩耍时，不要把头探出栏杆，否则很容易卡住脖子。

⊙ 不要往窗外扔东西，这不仅是危险的行为，更是触犯法律的行为。

⊙ 不要在阳台打闹、追逐、进行球类运动等。

安全考场

 以下做法安全吗?

1. 把玩具挂在阳台的护栏上。

　　这样做很危险,玩具随时有可能掉下去,这样,不仅玩具会被摔坏,而且容易砸到人,所以千万不要这么做。不只玩具,其他东西也不要挂在护栏上。

2. 雷雨天打开窗户赏雨。

　　这样做很危险。雷雨天最危险的是雷电,不论雨大雨小,我们都一定要远离阳台和窗户,并把门窗关好,以防止雨水溅入屋内、雷电穿堂入室。

脖子被阳台的护栏卡住了，该怎么办？

▶ 首先让自己冷静下来，慢慢变换头的姿势和方向，试着把头从护栏中拉出来。

▶ 如果实在拉不出来，就保持比较舒适的姿势，喊家人来帮忙。如果家里没人，可以向楼下大声呼救，引起行人注意，等待救援。

安全小科普

我们每天都会开、关窗户，在开、关窗户时也要注意安全。无论是推拉式、平开式还是其他类型的窗户，我们在开、关时都要注意用力不要过大，以防夹到手。如果推不动窗户，也千万不要用木棍等硬的物体去敲击窗户上的玻璃边缘，以免玻璃破碎。

"咚咚"，陌生人在敲门

陌生人入室很危险。门是一道安全防线，我们独自在家时，一定不要随意给陌生人开门。

安全隐患

⚡ 陌生人入室后，如果家里没有大人，很可能会把家里值钱的东西洗劫一空。

⚡ 陌生人入室后，可能会伤害、诱拐小孩，甚至可能绑架小孩向其家人勒索钱财，严重危害小孩的人身安全。

安全要点

⊙ 一个人在家时，一定要把门窗关好。

⊙ 如果有人敲门，一定要先询问清楚，千万不要随意开门。如果你对门外的人的回答有疑虑，无论对方说什么，都不要开门。

⊙ 如果有陌生人一直敲门，不离开，你可以大声说要给爸爸妈妈打电话，或者说要报警，以吓走陌生人。

安全考场

一个人在家，有陌生人敲门时，以下做法对吗？

1. 陌生人敲门，"一看二问三不开"。

    这样做是对的、安全的。遇到陌生人敲门，"一看"是指通过门镜了解门外的情况；"二问"是指要问对方是谁，有什么事；"三不开"是指不给情绪激动的人、喝醉酒的人、不认识的人开门。

2. 对陌生人说："爸爸妈妈不在家，你走吧。"

    这样做是不对的。遇到陌生人敲门，千万不要直接告诉对方大人不在家，甚至可以假装大人在家，比如故意大声说："妈妈，洗完头了吗？有人在敲门。"这样才能让陌生人害怕，赶紧离开。

如果不小心让陌生人进来了，该怎么应对？

▶ 第一时间冷静下来，不要跟陌生人发生冲突，不要惹怒陌生人，如果有机会，可以趁机跑出门去，向邻居或保安求助。

▶ 千万不能大声对陌生人说"快出去，再不出去我就报警了"这样的话。

安全小科普

　　虽然并非所有的陌生人都是坏人，但我们一个人在家时，一定不要给不熟悉的人随便开门，即使对方有再紧急的事也不行。如果是外卖或快递员，可以让他们把外卖或物品放在门口，等他们走后我们再出去拿；如果是其他事情，要先给爸爸妈妈打电话，听从他们的意见。

安全长大：给孩子的安全教育小百科

当门被意外反锁时

当门被意外反锁时，不要慌，保持冷静最重要。切记不要爬窗，可以大声向窗外呼喊，耐心等待救援。

安全隐患

⚡ 当门被意外反锁时，人容易感到恐慌，如果屋内通风不好、闷热，还可能使人昏迷。

⚡ 人被意外反锁在狭小的屋内时，可能会因为急躁而想爬窗出去，从而导致不慎坠楼。

安全要点

⊙ 被反锁在屋里时，一定要保持冷静。

⊙ 千万不要爬窗，以免发生坠楼事故。

⊙ 不要拿东西砸门，尤其是玻璃门，否则容易伤到自己。

安全考场

 如果一个人被意外反锁在家里，以下做法正确吗？

1. 保持冷静，边做事情边等待。

这样做是正确的。如果一个人被意外反锁在家里，要保持冷静，找自己喜欢的事情去做，比如看书、玩儿益智游戏等，等待家人回来。

2. 试图从窗户爬出去。

这样做是错误的。不论楼层是高是低，我们都不能爬窗户，因为这样做很容易发生坠落等危险情况。

 安全小科普

当我们被意外反锁在家里时，如果手头没有电话，无法与爸爸妈妈联系，并且因为被反锁的时间太长，心里着急，也可以打开窗户，向窗外呼喊、求助，让邻居或路过的人知晓，等待救援的人来开门。需要注意的是，一定不要攀爬窗户。

当心家里锋利的刀具

家用刀具很锋利，会割破我们的皮肤，甚至可能会危害我们的生命。所以我们千万不要私自使用和玩耍刀具。

安全隐患

⚡ 锋利的刀具非常容易割破皮肤，使我们受伤流血，如果一不小心刺入要害部位，还可能危及我们的生命。

⚡ 随意玩耍刀具，不但容易伤到自己，还可能伤到他人。

安全要点

⊙ 使用刀具时，一定要在家人的指导和陪同下进行。

⊙ 不要擅自使用刀具，更不要拿着刀具玩耍。

⊙ 如果被刀具割伤，一定不要自己随意处理或包扎，而是要及时告诉家人。

安全考场

 一个人居家时，以下行为安全吗？

1. 挥舞面包刀玩耍。

　　千万不能这样做。面包刀一般较长，而且有锯齿，挥舞时不仅有可能伤到自己，还有可能碰坏家里的其他物品。

2. 拿水果刀削铅笔。

这是危险的行为。水果刀较大且刀刃锋利，如果用它来削铅笔，则很容易发生割破手指的情况。

而且，铅笔芯还会污染水果刀。所以，我们要用转笔刀削铅笔，这样更安全。

安全小科普

当手指不小心被刀割破时，如果伤口较浅，则可以先用流动的清水冲洗，再用碘伏等消毒，然后贴上创可贴；如果伤口较大、较深，流血不止，则应该用无菌纱布包扎，并加压止血，然后立即去医院进行处理。

安全长大：给孩子的安全教育小百科

家里着火了怎么办

大火无情，它会吞噬家里的一切，包括生命。切记不要在家中玩火，而且要懂得安全自救。

安全隐患

⚡ 家里起火，会烧毁家里的物品，造成严重损失。

⚡ 如果火势很大，救援不及时，人长时间被困在火中，会有生命危险。

安全要点

⊙ 在家千万不能玩儿火，身上不要携带火柴、打火机等火种。

⊙ 点燃的蜡烛、蚊香要远离窗帘、蚊帐等易燃物品。

⊙ 油锅起火或电器起火时，千万不能用水去灭火，否则会使火势更猛，并可能发生触电危险。

⊙ 在家遇到火情，一定要冷静观察，根据自己所在的位置和火势大小选择正确的逃生方法。

安全考场

 遇到火灾时，以下逃生方式合理吗？

1. 匍匐前进，逃离火场。

这种做法合理。火灾发生时，会产生大量有毒气体，比如一氧化碳，这类气体比较轻，会飘浮在空气上层。另外，燃烧时产生的粉尘也会随着热气流上升。所以，如果遇到火灾，低头弯腰或用匍匐的方式逃离火场更安全。

2. 捂住口鼻，披上湿衣服或湿被子逃生。

这种做法合理。火灾发生时，会产生大量烟尘，用湿毛巾捂住口鼻可以有效阻挡烟尘，防止被呛。逃生时披上湿衣服或湿被子等可以阻隔高温和火苗，保护自己，以防被烧伤。

3. 身上着火时，翻滚身体灭火。

这种方法能取得一定的效果。但有些衣服的材质非常容易燃烧，不易被扑灭，如果发生火灾时身穿这样的衣物，更好的方式是迅速把它脱掉。

安全小科普

一旦家中失火，如果火势失控，千万不要进入火中抢救物品，一定要及时逃生，此时最重要的是保护生命安全。逃生时不要乘坐电梯，因为大火很容易导致停电，困在电梯里出不来是十分危险的，此时走楼梯逃生更安全。

第二章
健康成长，从饮食安全做起

远离垃圾食品

　　垃圾食品不健康，很容易使人变胖，影响人身体的正常生长。远离它才是正确的。

安全长大·给孩子的安全教育小百科

安全隐患

⚡ 如果长期大量食用快餐食品、膨化食品，多余的油脂等就会在人体内堆积，从而导致发胖。

⚡ 垃圾食品含有大量添加剂，摄入过多会影响身体的生长发育。

安全要点

⊙ 不要在正餐前吃零食，否则容易影响食欲。

⊙ 睡觉前不要吃零食，因为入睡后身体几乎不消耗热量，容易长胖。

⊙ 不要在路边摊买辣条等零食吃。

安全考场

以下日常饮食习惯健康吗？

1. 把干脆面当零食。

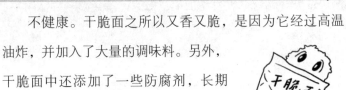

不健康。干脆面之所以又香又脆，是因为它经过高温油炸，并加入了大量的调味料。另外，干脆面中还添加了一些防腐剂，长期食用的话，会导致身体肥胖、营养不良等。

2. 把碳酸饮料当水喝。

不健康。碳酸饮料含有大量碳酸物质，会促进人体内的水分排出，让人越喝越渴，严重时甚至会导致身体脱水。而且碳酸饮料含有大量的食品添加剂、糖、香料等，如果长期把碳酸饮料当水喝，会腐蚀牙齿，影响骨骼生长，还会导致身体发胖等。

安全长大：给孩子的安全教育小百科

3. 放学后常在路边摊买食物。

不健康。虽然路边摊的食物味道诱人又便宜，但多数存在食品安全问题和卫生问题，很容易吃坏肚子。而且，一边走路一边吃，非常容易发生危险。所以，最好不要在路边摊买食物。

安全小科普

所谓"垃圾食品"，是指一些成分不健康、对身体有害的食品。比如有些快餐食品、膨化食品等，食品的原材料可能是健康的，但是在制作的过程中，加入的油、盐或糖严重超标，甚至还加入了各种添加剂等。如果我们过多摄入这些成分和物质，不仅可能导致体重超标，还可能影响身体健康。

吃过期食品会生病吗

　　吃过期食品可能会引发头晕、恶心、腹痛、腹泻等食物中毒的症状。

安全隐患

⚡ 吃过期食品有可能导致肠胃功能紊乱，出现恶心、腹痛、腹泻等不适症状。

⚡ 严重的还可能出现肢体无力、麻木，甚至休克或昏迷等情况。

安全要点

◉ 购买或吃食品前，一定要查看包装上的生产日期和保质日期。

◉ 食品过期就不要吃了，不要以为食品过了保质期也没关系。

◉ 即便食品还在保质期内，但如果发现它变质了就要立刻扔掉。

以下辨别食品安全的方法正确吗?

1. 通过闻气味辨别是否变质。

　　食物如果变质的话,气味就会发生变化,所以我们可以通过闻气味来辨别食物是否变质。比如没吃完的饭菜,如果闻到有异味,就不要再吃了。

2. 看有没有标注生产日期和保质期。

　　如果你发现食品的包装上没有标注生产日期和保质期,千万不要吃。这样的食品不符合食品安全标准,存在很大的食品安全隐患。

 安全小科普

　　我们购买保质期较短的食品时一定要查看生产日期,比如酸奶的保质期通常较短,买回家后要放冰箱冷藏保存,尽早喝完。

噎住了怎么办

吃东西时，狼吞虎咽要不得，一旦食物堵住气管，会使人呼吸困难，甚至窒息。

安全隐患

⚡ 被食物噎住时，食物可能会堵住食管和气管，使我们呼吸困难。

⚡ 情况严重时甚至可能引发窒息，危及生命。

安全要点

⊙ 吃东西时不要打闹、追逐，否则容易噎着。

⊙ 不要把食物抛起来用嘴接着吃，以防食物进入气管，发生危险。

⊙ 吃东西时要细嚼慢咽，不要狼吞虎咽。

⊙ 在行驶的汽车内不要吃东西，因为一旦紧急刹车或剧烈晃动，容易噎着。

⊙ 不要躺着吃东西。

安全考场

 吃东西时，以下做法安全吗？

1. 将大块儿食物弄成小块儿后再吃。

这是不错的做法。食物越小，我们吃的时候越不容易噎着。比如把大块儿面包切成小块儿，把馒头撕成小块儿吃，这样可以降低被噎的概率。

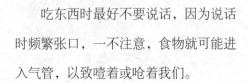

2. 吃东西时少说话。

吃东西时最好不要说话，因为说话时频繁张口，一不注意，食物就可能进入气管，以致噎着或呛着我们。

被食物噎住该如何自救？

▶ 被轻微噎着时，可以小口小口地喝水，试着把食物咽下去。

▶ 我们可以一手握拳，抵在肚脐上面3~5厘米处，另一只手有
节奏、有力地按压这只拳头，增加腹腔的压力，以使食物咳
出。我们还可以稍稍弯腰，让上腹部抵在固定的物体上，比
如桌边、椅背等（不能是桌角等尖锐的物体），然后用力让
桌边或椅背冲击我们的上腹部，以增加腹腔的压力，直至我
们把食物吐出来。

▶ 如果食物卡得比较紧，无法吐出，则要赶紧去医院进行急救
处理。

安全小科普

我们的咽喉部有两条管状器官：一条是食管，另一条是
气管。食管是食物进入胃部的通道，气管是空气进入肺部的
通道。我们吞咽食物时，气管会自动关闭，这样可以避免食
物进入肺部。如果我们进食时不小心呛到或噎着，食物进入
气管就会非常危险，严重时会造成窒息甚至危及生命。

千万不要乱服药物

对症的药物可以治病，但如果吃错药，不仅治不好病，还可能带来更大的危险。

安全隐患

⚡ 乱服药物，会对我们的肠胃、肝肾等造成危害。

⚡ 服用不对症的药物，不仅对病情起不到缓解作用，还会耽误治疗。

⚡ 如果服错药物，有可能会引发生命危险。

安全要点

⊙ 感冒、发烧时，千万不要随意吃药。

⊙ 服用药物时要严格遵循医嘱，不可过量服用。

⊙ 服药后若有严重的不良反应，要立即停止。

⊙ 对于家里常备的药物，服用时要先查看是否过期。

安全考场

 生病时，下面的服药方法安全吗？

1. 用茶水服药。

 这是错误的。最好用温开水服药。茶水、果汁、牛奶、豆浆等都不适合用来服药，因为其中的有些物质有可能与药物成分发生不良反应，会降低药效。

2. 多服一点儿药，病好得快。

谁都想让病快点儿好，但我们可不要自作聪明，认为多服一点儿药，病就好得快一些。其实，服用过量的药物有可能造成肝肾功能损伤。

 多吃点儿，好得快。

第二章 健康成长 从饮食安全做起

043

誤服药物后，如何紧急自救？

▶ 进行催吐。先喝大量的温开水或淡盐水，然后用手指压住舌根，使药物吐出来，可反复多次进行；如果吐不出来，可以喝大量的牛奶或蛋清，以保护胃黏膜。

▶ 立即拨打120急救电话，一边催吐，一边等待救援；或者立即去医院救治。

安全小科普

你见过一次性注射器或输液器吗？它们被用过后会带有细菌或病毒，属于医疗垃圾。千万不能把它们捡来玩儿，以免感染病菌，引发疾病。

小心食物中毒

食物中毒后，身体会出现不同程度的令人难受的症状和反应，严重时甚至会危及生命，所以我们一定要注意饮食安全。

安全隐患

⚡ 轻度的食物中毒会导致肚子疼或拉肚子，让人非常难受。

⚡ 严重的食物中毒有可能危及生命。

安全要点

◉ 千万不要抱着侥幸心理食用发霉、变质的食物。

◉ 不要随意摘野果吃，有些野果是有毒性的，我们吃了后很容易食物中毒。

安全考场

 想要避免食物中毒，以下做法对吗？

1. 吃半生不熟的蔬菜。

　　有些蔬菜自身含有毒素，但经过焯水或彻底煮熟后可以放心食用。以豆角为例，如果食用没煮熟的豆角，其中的皂苷、植物血凝素等成分会使人中毒。

2. 不乱吃发芽的蔬菜。

蔬菜中有不少芽菜非常美味，比如豆芽。但有些蔬菜发芽后，如果人吃了，就会中毒。比如发芽的土豆会产生茄碱，人大量食用后就会中毒。

3. 吃未成熟的蔬果。

吃未成熟的蔬果也有中毒的风险。比如未成熟的青番茄含有茄碱，人吃了后也可能引发食物中毒。

安全小科普

　　食物总是充满诱惑，但并非所有食物都是安全的。千万不要吃那些我们之前没见过或者不确定是否安全的食物，否则一旦中毒，严重的话甚至可能会危及我们的生命。另外，像生鱼片之类的生食要少吃，因为：一来容易造成细菌感染，让我们上吐下泻；二来有可能使我们感染寄生虫。

第三章
出行有规则，交通安全要牢记

- ☑ 安全标识记心中

- ☑ 红灯停，绿灯行，安全过马路

- ☑ 安全乘坐公共汽车

- ☑ 安全乘坐地铁

- ☑ 停车场里危险多

安全标识记心中

　　各种场所设置安全标识，是为了对危险情况、危险行为或危害健康的行为进行警示或提示，提醒我们要注意人身安全。

安全隐患

⚡ 如果不理解安全标识表达的含义，就无法了解特定环境中可能存在的危险情况。

⚡ 如果无视安全标识的提示和警示，就可能让自己陷于危险之中。

安全要点

⊙ 熟记各种安全标识的含义。

⊙ 出门在外或在各种公共场所看到有关安全标识时，要遵守其表达的指令或含义。

安全考场

你知道日常的安全标识分为几类吗？下面让我们一起来熟记吧。

1. 禁止标识。

禁止伸入	禁止饮用	禁止用水灭火	禁止推动	禁止吸烟	禁止转动
禁止倚靠	禁止烟火	禁止跳下	禁止停留	禁止通行	禁止坐卧

2. 警告标识。

注意安全	当心火灾	当心爆炸	当心中毒	当心火车	当心滑跌
当心感染	当心触电	当心伤手	当心绊倒	当心电离辐射	当心塌方
当心扎脚	当心吊物	当心坠落	当心落物	当心车辆	当心烫伤

3. 提示标识。

 安全小科普

　　细心的你一定会发现，类别不同，安全标识的颜色也不同。比如，禁止标识是红色的，禁止一些危险行为，告诉我们千万不要那样做；警告标识是黄色的，提示我们周围环境可能存在某种危险，提醒我们要小心，避免发生危险；提示标识是绿色的，提供和安全有关的信息，告诉我们发生紧急情况时该如何做。

红灯停，绿灯行，安全过马路

我们过马路时一定要注意安全，并且心中要牢记：红灯停，绿灯行，黄灯耐心等一等。

安全隐患

⚡ 不遵守交通规则容易引发交通事故，不仅会造成交通秩序混乱，甚至会危及生命安全。

安全要点

- ⊙ 过马路时不要低头玩电子产品。
- ⊙ 严格遵照交通信号灯行动，不抢行。
- ⊙ 即便我们在绿灯亮时过马路，也要随时观察左右车辆，提防意外情况发生。
- ⊙ 绿灯亮时快速通过，不要逗留，更不能打闹。

过马路时，以下想法或行为对不对？

1. 车会让行人，不用担心。

　　虽然交通法规规定，机动车要礼让行人，但并不是所有车辆都会礼让行人。如果我们过马路时不遵守交通规则，被车撞的风险就会大大增加，最终吃亏、受苦的还是自己。

车会让我的。

2. 绿灯亮时可以放心走。

　　即便人行横道的信号灯是绿灯，依然会有各种车辆转弯行驶，我们过马路时仍然需要随时观察周围的情况，否则很容易发生交通事故。

3. 快速横穿马路。

　　有的马路既没有信号灯，也没有斑马线，过这样的马路时，一定要观察来车与自己的距离，只有足够安全时才可以通过，而且通过时不要停留。如果车流量非常小，且自己无法走得快，那么可以在保证安全距离的前提下缓慢通过，并可挥手示意，提示车辆礼让行人。

不看左右，
横穿马路

安全小科普

　　交通信号灯之所以选择红、黄、绿三种颜色，是因为：红色光的波长较长，穿透力强，在大多数天气情况下，都最为显眼，同时红色给人以危险的感觉，使人产生警觉的心理反应，更容易被人注意，所以被设为停止信号；黄色光的波长仅次于红色光的，也给人以需要警觉的心理感受，所以被设为过渡信号；绿色光的波长次于红、橙、黄三种颜色的，且和红色搭配时区别非常明显，并给人以宁静、安全的感觉，所以被设为允许通行的信号。

安全乘坐公共汽车

乘坐公共汽车时要注意避免发生挤伤、跌倒等危险。

安全隐患

⚡ 上下车时不遵守秩序，可能会摔倒，发生踩踏事故。

⚡ 乘车时不扶稳，容易摔倒、摔伤。

⚡ 把头或手伸出窗外，容易和对面来车或树木发生剐蹭而受伤，严重的会危及生命。

安全要点

⊙ 上下车时不抢行，按顺序排队上下车。

⊙ 不要追赶公共汽车。

⊙ 不要向车窗外抛物，以免砸到人或车，发生事故。

⊙ 不要在车中嬉戏、打闹。

⊙ 不要带危险品上车。

安全考场

乘坐公共汽车时，以下行为对吗？

1. 车没停稳，就急着下车。

车从减速到停稳这段时间，车上的人在惯性的作用下，身体仍保持车未减速时的运动趋势，如果在这个时候下车容易因惯性而跌倒。所以，我们一定要等车停稳后再下车，这样才安全。

2. 随身带着长而尖锐的物品乘车。

公共汽车行驶时会晃动或紧急刹车，长而尖锐的物品非常容易伤到别人和自己。因此，我们不要带尖锐且很长的物品上车。

安全长大：给孩子的安全教育小百科

安全小科普

　　乘坐公共汽车时，如果发生紧急刹车或碰撞事故，我们应该快速用双手护住头部和面部，避免因剧烈的撞击而受伤。如果因发生意外被困在车里，我们可以用安全锤或坚硬的物品敲击车窗玻璃的边缘，从窗口逃生。

安全乘坐地铁

　　乘坐地铁出行不会发生堵车的情况，会一路畅行，非常方便快捷，但我们也要注意一些安全事项。

安全隐患

⚡ 一般来说，地铁的客流量比较大，人们如果不按秩序上下车，极易发生踩踏事故。

⚡ 上下车时，一旦踩空，脚就可能会卡在列车与站台之间的空隙中，有时甚至可能会受伤。

⚡ 如果没有扶稳，容易在地铁启动或刹车时因惯性而摔倒受伤。

安全要点

⊙ 在没有安装屏蔽门的站台等车时，不要越过安全线。

⊙ 不要在扶梯口停留。

⊙ 上下车时要注意站台与列车之间的空隙，以免踩空。

⊙ 车门即将关闭时，不要抢上、抢下，以免被屏蔽门或车门夹伤。

⊙ 在地铁与家人走散时，不要乱跑，要先冷静下来，然后请工作人员帮忙。

乘坐地铁时，以下行为对吗？

1. 从闸机的挡板下方溜进去。

这样做是不对的。我们通过闸机时必须刷卡快速通过。闸机不是游乐场的设施，从闸机的挡板下方溜进、溜出是不文明的行为，还可能被撞伤或被卡住。

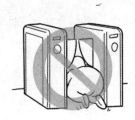

2. 在乘扶梯时行走或奔跑。

 这样做是不对的。有些地铁的扶梯坡度较大，在扶梯上一旦摔倒或踩空，滚落下去是非常危险的。所以我们乘扶梯时，一定要站稳扶好，不要在扶梯上走来走去，更不能奔跑。

3. 物品掉进轨道，找工作人员帮忙。

　　这样做是对的。当物品掉到轨行区时，我们不要尝试自己去取，因为地铁的轨道有高压电，非常危险。另外，如果被行驶的列车撞倒，会有生命危险。我们应及时向工作人员求助，让他们帮忙处理是最好的方式。

 安全小科普

　　如果遇到地铁发生事故，一定要服从工作人员的指挥。人多拥挤时要靠边儿走；遇到坠物、坍塌等险情却无法逃走时，尽量蹲下，双手抱住头部，胳膊肘向外扩展，以保护头部和身体；如果遇到地铁在隧道内发生故障，停车停电，此时保持冷静非常重要，地铁即便停电了也能维持数十分钟的应急通风，我们一定要听从工作人员的指挥，保持良好的心态和秩序。

停车场里危险多

　　停车场里，车辆频繁进出，司机的视野范围小，所以我们在停车场行走时，既要注意行驶的车辆，也要注意停靠的车辆。

安全长大：给孩子的安全教育小百科

安全隐患

⚡ 蹲在汽车的前面或后面，汽车启动时容易被碾压。

⚡ 在停车场里跑来跑去，容易被行驶的汽车撞倒。

⚡ 一个人在昏暗的地下停车场，有可能受到惊吓或遇到坏人。

安全要点

⊙ 不要在停车场打闹、嬉戏。

⊙ 不要蹲在汽车的前面或后面。

⊙ 不要一个人长时间待在停车场。

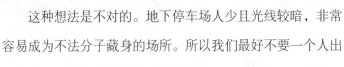

◎ 安全考场 ◎

 在地下停车场，以下想法对吗？

1. 地下停车场有监控，很安全。

　　这种想法是不对的。地下停车场人少且光线较暗，非常容易成为不法分子藏身的场所。所以我们最好不要一个人出入停车场，以免人身安全受到危害。

2. 认为司机都能看见自己。

这种想法是不对的。地下停车场空间狭窄，灯光昏暗，司机在车内的视线不好，尤其是小朋友个子不高，司机很容易看不清、看不见。因此，我们一定要远离启动的车辆。

安全小科普

地下停车场地势比较低，一旦遇到暴雨天气，非常容易积水。如果地下停车场积水过深，我们待在里面就会非常危险。所以，在暴雨天气不要待在地下停车场。

第四章
勇敢地对校园危害说"不"

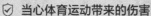

- ☑ 被异性同学骚扰，该如何反击
- ☑ 与同学发生矛盾怎么办
- ☑ 在楼梯、走廊打闹很危险
- ☑ 当心体育运动带来的伤害

被异性同学骚扰，该如何反击

　　我们的身体，任何人都不能随意触碰。被他人骚扰时，一定要大胆地反击。

安全长大·给孩子的安全教育小百科

安全隐患

 变得胆小，害怕出门、见人。

 身体受到伤害，也可能造成心理阴影，甚至导致精神出现问题。

安全要点

⊙ 要遵守校园着装规范，穿校服上学。

⊙ 遇到骚扰时，要大声呼救，并找机会脱身。

⊙ 不要一个人去偏僻的地方。

安全考场

 和异性同学交往时，以下行为可取吗？

1. 和异性同学单独待在一起。

这种行为不可取。即使异性同学是自己很要好的朋友，也不要和他单独待在一起。防人之心不可无，有时候危险往往来自最熟悉的人。

2. 和异性同学勾肩搭背。

这种做法不可取。我们要建立起男女有别的意识。女孩子要懂得自爱，坚决不与男同学勾肩搭背；男孩子要有责任意识，不欺负女同学。

安全小科普

对身体的骚扰不仅仅发生在校园里，还有可能发生在日常生活的其他领域。面对来自成年人等其他人的身体骚扰，势单力薄的孩子很难抵御。在日常生活中，我们一定要注意人身安全，不单独出门，不去成人娱乐场所；如果遇到坏人尾随，要到人多的地方去，或向交警、店员、保安等求助。

与同学发生矛盾怎么办

同学之间产生误会和冲突在所难免，重要的是要正确处理，不要让小问题变成大问题。

安全隐患

⚡ 没有及时压制住激动的情绪，与同学发生争吵，甚至大打出手，会破坏同学之间的关系。

⚡ 和同学发生矛盾后，如果心结解不开，总感到心情郁闷，就会造成心理问题，进而影响学习。

安全要点

⊙ 不要为了小事情和同学争吵、动手。

⊙ 不给同学取外号，不做恶作剧，以免引发矛盾。

⊙ 与同学发生矛盾时要保持冷静，然后分析矛盾产生的原因，可以尝试与同学心平气和地沟通，自己确实无法解决时，可以找老师出面调解。

安全考场

 在学校遇到各种纠纷时，以下做法正确吗？

1. 前去劝说，化解矛盾。

看到同学之间因为小事情互相拌嘴时，我们前去调解是很好的举动。不过在调解时要注意方式方法，不要有让矛盾激化的语言举动。如果实在劝不住，要及时告诉老师。

2. 边看热闹边起哄。

在校园遇到同学吵嘴或打架时，千万不要围观，更不能起哄激化矛盾。首先要尽量远离，以免被误伤，然后及时向老师报告这一情况。

啧啧啧！加把劲儿啊！

3. 和同学发生矛盾主动道歉，请求谅解。

　　和同学发生了矛盾，冷静后觉得是自己做得过分了，于是向对方主动道歉，希望得到谅解。这是非常棒的做法，可以让矛盾得到化解。

 安全小科普

　　在处理同学之间的矛盾时，不要偏袒任何一方，不要用辱骂、嘲讽的语言，否则容易造成更恶劣的后果。另外，不要在同学之间传播谣言，这是很不文明的行为，而且容易制造或激化矛盾。

在楼梯、走廊打闹很危险

和同学玩耍虽然很愉快，但要注意安全，不要在教室、楼梯或走廊奔跑或追打。

安全隐患

⚡ 在楼梯、走廊打闹，很容易因不慎摔倒而使身体受伤。

⚡ 在楼梯、走廊打闹，很容易撞到、伤到别人，进而引发矛盾和冲突。

安全要点

◉ 不在教室里打闹，不在走廊奔跑。

◉ 上下楼梯时不要奔跑打闹，以免发生事故。

◉ 不要把身体探出走廊的栏杆，以免发生坠楼事故。

安全考场

 在校园内，以下做法安全吗？

1. 放学后，急匆匆地跑下楼梯。

放学后，我们要有秩序地走出教室、走下楼梯。急匆匆地在人群里往前冲是非常危险的，一旦跌倒很容易波及他人，引发踩踏事故。

2. 从楼梯扶手上滑下去。

有的同学很喜欢表现自己，经常做一些自以为厉害的事，比如从楼梯的扶手上滑下去，这是非常危险的，一旦失去平衡就可能掉下楼梯摔伤。

安全小科普

在学校里，不要对同学做恶作剧，比如躲在暗处，突然跳出来吓唬同学，这可能会让同学受到惊吓；也不要在同学起立时，悄悄地把同学的凳子移开，一旦同学因为坐空而摔伤，我们不仅要赔偿医药费，还可能受到学校处分。你要明白，遵守纪律的目的不是压制爱玩儿的天性，而是保障安全。

当心体育运动带来的伤害

体育课上的各种运动项目既有趣又可强身健体。不过我们做运动时一定要牢记安全第一。

安全隐患

⚡ 运动前不做热身运动，运动中就会容易拉伤或扭伤。

⚡ 如果身体不适或有小伤还硬撑着运动，就可能会造成更大的损伤。

安全要点

◉ 上体育课时最好穿运动装，身上不要携带尖锐的物品。

◉ 运动前要做热身运动，运动后要做放松运动。

◉ 不要逞强做难度非常大的动作，以免发生危险。

◉ 安全考场 ◉

 在学校进行体育运动时，以下做法正确吗？

1. 运动后立即喝冷饮、冲凉。

运动时，很容易出汗、口干舌燥，若运动后立即喝冷饮或用冷水冲洗，则是不利于身体健康的。正确的做法是小口喝一些温开水，用纸巾或手帕擦去汗水，这样才不会因为受凉而感冒或引起肠胃不适。

2. 身体不适，坚持运动。

有时，体育课上会进行一些比赛，如果我们碰巧身体有些不舒服，但是为了不在同学面前丢面子，硬撑着坚持运动，那结果只会让自己受到更大的伤害，这是得不偿失的。上体育课时，如果发现身体不适要及时对老师说，不要勉强坚持。

咕

安全小科普

体育运动项目众多，不同的项目有不同的规范，安全不可忽视。很多球类运动，比如篮球、足球等都涉及身体对抗，在运动的过程中不要故意冲撞别人；体操类运动，比如单杠、双杠等需要力量和技巧，千万不要随意做高难度动作；铅球、标枪等运动存在安全风险，动作一定要规范，否则容易伤到自己或他人。

第五章
公共场所隐患多，安全防范要心细

- ☑ 不吃陌生人给的东西

- ☑ 走失了如何求助

- ☑ 看见小偷行窃该怎么办

- ☑ 在游乐场游玩的安全事项

- ☑ 安全使用旋转门和扶梯

不吃陌生人给的东西

别有用心的陌生人给的食物是不安全的，我们一旦吃了就会昏迷或中毒，我们的人身安全就会受到极大威胁。

安全长大：给孩子的安全教育小百科

安全隐患

 如果陌生人给的食物中有致幻药，我们吃后会意识模糊，进而可能被拐骗。

 如果陌生人给的食物中含毒，我们吃后会中毒，严重的话可能会失去生命。

安全要点

⊙ 陌生人给的食物一定不要吃。

⊙ 在外游玩时，不知来源的食物不要吃。

◎—— 安全考场 ——◎

面对陌生人，以下想法或行为正确吗？

1. 陌生人也有好人，不用太担心。

虽然并非所有的陌生人都是坏人，但我们一个人在外时，一定要保持谨慎，不可轻信陌生人。万一遇到坏人，后悔就来不及了。

2. 陌生人突然给食物，要尽快离开。

如果我们一个人在外面玩耍，突然有陌生人过来给我们食物吃，千万不要接受，要委婉谢绝后尽快离开，因为这很可能是坏人诱骗小孩的手段。

 安全小科普

我们要防范陌生人。另外，对于表面熟悉却不是很了解的人，我们也要提高警惕。比如不太了解的邻居，虽然平时经常见面，但如果邻居叫我们一个人去他家吃饭或是出去玩儿，千万不要轻易答应，要懂得有礼貌地拒绝，或是告诉爸爸妈妈，征求他们的意见。

走失了如何求助

公共场所人多、状况复杂，我们走失后容易迷失方向，也有可能被坏人诱骗带走。所以在外千万要留神！

安全隐患

⚡ 和爸爸妈妈走散了，心里会着急，越着急越乱走，结果可能真的会走丢。

⚡ 和爸爸妈妈走散后，如果遇到坏人，就可能会被拐走。

安全要点

⊙ 一旦发觉和爸爸妈妈走散了，一定要冷静下来，站在原地等待，爸爸妈妈一定会回来找你的。

⊙ 寻找保安或警察，请求他们帮助。

⊙ 走失后，不要随意和陌生人搭讪，也不要跟陌生人走。

安全考场

 和爸爸妈妈走散后，以下做法正确吗？

1. 到处乱走，哭着找爸爸妈妈。

如果走失后到处乱走，还一边走一边哭，会很容易引起坏人的注意。冷静下来，是你首先要做的事情。

妈妈，您在哪儿?

2. 注意听广播。

如果在商场、图书馆或车站等地方与爸爸妈妈走散了，要注意听广播。通常爸爸妈妈会将你与家人走散的情况告诉工作人员，请他们通过广播寻人。

安全小科普

一定要记住家里的一些基本信息，比如爸爸妈妈的电话号码、姓名、家庭住址等。万一走失了，可以请警察叔叔帮忙。当然，这些信息千万不要随意告诉陌生人。

看见小偷行窃该怎么办

看见小偷在行窃，千万别逞英雄，要在保护好自身安全的前提下，智取小偷。

安全隐患

⚡ 如果当场指认小偷，事后可能会被小偷报复。

⚡ 小偷一旦凶相毕露，使用凶器的话，会危及我们的生命安全。

安全要点

⊙ 见到小偷行窃，一定要保持冷静。

⊙ 不要大喊大叫，更不要激怒小偷。

⊙ 如果发现小偷盯上了自己，就要尽快到人多的地方去，并寻求他人帮助。

遇见小偷行窃，以下做法正确吗？

1. 事不关己，高高挂起。

这种做法是错误的。遇见小偷行窃，如果觉得自己太弱小，或者认为多一事不如少一事，为了避免惹祸上身，干脆就当没看见，这是没有社会责任心的表现。如果人人都纵容小偷的偷窃行为，那么小偷就会越来越多。但我们面对这样的情况时，也不可冲动上前，而是做力所能及的事，可以悄悄地告诉与自己随行的大人，大人会以更好的方式解决这样的问题。

多一事不如少一事。

2. 注意多观察，冷静应对。

这种做法是正确的。很多时候，小偷行窃是团伙作案。如果我们发现有小偷行窃，一定要观察周围的环境，不要因为着急而做出鲁莽行为，以免被围攻。

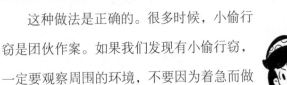

3. 与被偷的人聊天，委婉地提醒。

　　这种做法是正确的。如果发现有小偷要行窃，我们可以想办法与可能成为被偷对象的人聊天，比如："阿姨，您这个包真好看。""爷爷，可以给我讲讲您这个胸章的故事吗？"这样做可以让小偷暂时放弃行窃，从而为我们争取到一定的时间来想办法。

 安全小科普

　　一些公共场所人员相对比较密集，比如商场、车站、繁华的街道等，人群拥挤的地方非常容易发生偷窃事件。身处这样的场所中时，一定要把贵重物品放在随身携带的包里，提高警惕，留心观察身边的情况。

在游乐场游玩的安全事项

游乐场项目众多，好玩儿又刺激。我们在享受欢乐的同时，也可能会面临一些危险。

安全隐患

⚡ 如果不遵守游乐项目的规则，有可能会导致事故发生。

⚡ 如果在游乐场到处乱跑，会容易与家人或同伴走散。

安全要点

⊙ 不要玩儿过于刺激的项目，否则容易造成精神紧张，使身体产生不适。

⊙ 严格遵守游乐项目的规则，认真检查安全设备、装置。

⊙ 在玩儿的过程中，千万不要解开身上的安全设备，否则可能造成严重后果。

⊙ 身体不适时，不玩儿刺激的项目。

安全考场

在游乐场游玩时，以下行为可取吗？

1. 为了面子，在同伴面前逞强。

在游乐场游玩时，有些小朋友在遇到充满挑战的项目时，虽然内心很恐惧，但为了不在同伴或同学面前丢面子，会硬着头皮参与。其实，这完全没有必要，游玩最重要的是安全和快乐，自己不擅长、不想参与的项目一定不要勉强。

后空翻，我可以。

2. 不按规范操作，觉得自己能行。

徒手攀岩，我可以。

任何游乐项目都有操作规范，不要因为有的项目自己以前玩儿过就不再遵守操作规范，想怎么玩儿就怎么玩儿，这也是存在危险的。参与一些明显存在危险性的项目，比如射箭、攀岩等时，一定要严格遵守规范。

安全长大：给孩子的安全教育小百科

安全小科普

　　游乐场中的每一个项目都会有提示牌或安全须知，上面清楚地写明参与该项目时须注意的事项、操作规范，以及适合的人群等。玩儿之前要认真阅读这些内容，然后根据自己的情况选择适合的项目。

安全使用旋转门和扶梯

旋转门和扶梯为我们提供了便利，但使用时如果不注意，则可能会发生一些安全问题。

安全长大：给孩子的安全教育小百科

安全隐患

- 被旋转门夹伤，严重的还有可能被夹断手指、胳膊等。
- 不小心被扶梯夹伤或从扶梯上滚下，对身体造成严重伤害。

安全要点

- 进出旋转门时要守秩序，不要拥挤，以免被夹伤。
- 在旋转门内行走的速度要和旋转门旋转的速度一致。
- 乘坐扶梯时，要扶着扶手，不要向外探头，也不要追逐打闹。

安全考场

 进出旋转门或上下扶梯时，以下做法正确吗？

1. 穿着落地长裙乘坐扶梯。

这样做是不对的。扶梯的夹板是运动的，如果长裙不小心被扶梯板下的缝隙夹住，那整条裙子就有可能被卷进去，这是非常危险的。乘坐扶梯时要注意衣服、鞋带等不要被夹板缝隙夹住。

2. 使劲推旋转门。

这样做是不对的。出入旋转门时要慢行，如果使劲推旋转门，就会很容易被后面的玻璃门撞到。尤其是如果我们走路的速度跟不上旋转门旋转的速度，那被夹伤的概率就会大大增加。

安全小科普

乘坐扶梯时，如果我们的随身物品掉落并被卷进扶梯的缝隙，千万不要捡拾物品，我们可以等离开扶梯后，去请工作人员来帮忙。在扶梯的上下两端分别有一个红色的"急停"按钮，如果扶梯上发生紧急的意外情况，可以迅速按下这个按钮，扶梯就会立即停止运行。

第六章
户外突发事件的应对与自救

- ☑ 水边游玩谨防溺水

- ☑ 被狗追赶时，应该跑吗

- ☑ 电闪雷鸣的下雨天太可怕了

- ☑ 天气炎热，防暑、防晒有妙招

- ☑ 洪水来了怎么逃命

水边游玩谨防溺水

每到暑假，防溺水是被强调得最多的安全事项之一。无论我们是否会游泳，都要尽量远离危险和不熟悉的水域。

安全隐患

⚡ 在河边玩耍，很容易不小心落入水中，发生溺水事故，失去生命。

⚡ 私自下水，若深陷淤泥、旋涡，或被水草缠身，会危及生命。

安全要点

◉ 在户外游玩，要远离江、河、水库、池塘等危险水域。

◉ 不要去野泳。

◉ 溺水后要大声呼救，不要胡乱挣扎，以免消耗体力，越陷越深。

◉ 被施救时，要尽量放松，不要使劲拖拽施救者。

如果溺水后，发现周围没人，该怎么办？

► 保持冷静，不要拼命挣扎。

► 头向后仰，憋住气，使口、鼻露出水面。

► 甩掉身上的重物，但不要脱掉衣物，衣物可以提供浮力。如果发现水面有漂浮物，可以及时抓住，为自己提供浮力。

► 大声呼救，等待救援。

 安全小科普

　　游泳是一项不错的运动，但即便我们已经学会了游泳，并且觉得自己的游泳技术很好，也不要以为可以在任何水域肆意玩耍。户外的水域比游泳池的危险大得多，如果不小心深陷淤泥，或被水草缠住，或被卷入旋涡，想要挣脱出来是非常困难的。所以，千万不要去野泳。

被狗追赶时，应该跑吗

在户外遇到狗时千万要小心，最好绕道走，因为一旦被它们追赶，就极有可能会被咬伤。

安全隐患

⚡ 被狗追赶时，会因为慌乱而不小心摔倒受伤。

⚡ 被狗咬伤，万一患了狂犬病就糟糕了。

安全要点

◉ 在户外看见没拴绳的狗时，最好绕着走。

◉ 如果被狗追赶，不要掉头就跑，而是可以站在原地不动，也可以弯腰假装捡石子进行防御。

◉ 不管是被狗轻轻抓了一下，还是被狗咬了，我们都要及时告诉爸爸妈妈。

安全考场

被狗咬伤后，应该如何进行处理？

▶ 立即挤压伤口，排出局部血液，然后用肥皂水和流水交替冲洗伤口至少20分钟。

▶ 用碘伏擦洗伤口，进行消毒。

▶ 尽快去医院注射狂犬疫苗。

安全小科普

　　如果遇到被狗攻击的情况，可以用随身携带的物品，比如书包、雨伞等做护盾，挡住自己的身体，这样可以减少被咬的概率。如果不小心被狗扑倒，要护住头、颈等重要部位。

电闪雷鸣的下雨天太可怕了

在户外活动，有时会遇上雷雨天气，了解雷电知识，学会安全避雨非常必要。

安全长大：给孩子的安全教育小百科

安全隐患

⚡ 在户外遇到雷雨时，如果避雨方式不正确，很可能遭到雷击。

⚡ 暴雨会导致严重积水或水位猛涨，可能会使人发生溺水危险。

安全要点

⊙ 在雷雨天气，不要在树下避雨，要远离电线杆、旗杆、铁塔等可能连电的物体。

⊙ 在暴雨天气，要远离低洼地带以及容易发生山体滑坡的地方。

遇到雷雨天气，以下做法安全吗？

安全考场

1. 在下雨天蹚水玩儿。

这种做法不安全。下雨天，路面会积水，千万不要觉得蹚水很好玩儿。有时，看起来平静的水面，说不定下面隐藏着一个深坑，一旦掉进去可就危险了。如果实在没办法，必须蹚水过马路，那么一定要想办法找根棍子探路。

2. 戴着耳机听收音机。

这种做法不安全。在雷雨天时，看电视、上网、戴着耳机听收音机等与用电有关的活动都有一定的危险性。

安全长大……给孩子的安全教育小百科

下大雨时，遇到山体滑坡怎么办？

▶ 迅速向滑坡的两侧跑，千万不要向上或向下跑。

▶ 如果无法逃离，就想办法抱住身边的大树等固定物体，或躲在结实的障碍物下，并注意保护好头部。

 安全小科普

在户外遇到雷雨天气，如果实在找不到合适的地方避雨，为了安全，你可以下蹲，双脚靠拢（以减少或避免产生跨步电压），双手抱膝，胸口紧贴膝盖，尽量低头，以避免雷击。

天气炎热，防暑、防晒有妙招

夏日炎炎，在户外游玩时一定要注意防暑、防晒。一旦出现头痛、头晕、四肢无力、口渴等症状，要及时到阴凉处休息并补充水分和盐分。

安全隐患

⚡ 长时间受到烈日的炙烤后，皮肤会被紫外线晒伤。

⚡ 高温容易使人中暑，严重时会危及人的生命安全。

安全要点

◉ 不要长时间在烈日下进行户外活动。

◉ 在炎热的天气进行户外活动时，要注意多喝水并充分休息。

◉ 外出要做好防晒，防晒霜、防晒衣、遮阳伞、遮阳帽等都是不错的防晒装备。

◉ 一旦出现头晕、头痛、四肢无力等症状，要立即到阴凉处休息。

在户外中暑了，如何紧急自救？

▶ 立即离开高温环境，转移到阴凉处。

▶ 解开衣扣，让热量散发；随后，少量多次喝水，或服用藿香正气水。

▶ 如果是重度中暑，要立即前往医院治疗。

 安全小科普

　　人体的温度在体温调节中枢（位于大脑中的下丘脑）的控制下，一般维持在37℃左右。当我们剧烈运动时，机体代谢加速，热量增加，人体会通过汗腺分泌、呼吸等方式将热量排出体外，以保持体温恒定。如果天气过于闷热，气温高于皮肤温度，人体无法将体内产生的热量排出，时间一长就容易中暑。

洪水来了怎么逃命

洪水就像猛兽，会吞噬一切。当洪水来临时，千万不要贪恋财物，要迅速往高处跑，生命安全才是最重要的。

安全隐患

⚡ 洪水肆虐，会淹没房屋、农田等，造成巨大的经济损失。

⚡ 人一旦被洪水冲走，生命就会处于巨大的危险之中。

安全要点

⊙ 不要在河道玩耍。

⊙ 当洪水袭来时，要第一时间往高处跑，身上尽量不要有任何负重。

⊙ 要远离下水道口、有电线的水域等危险的地方。

安全考场

 当洪水来临时，以下做法安全吗？

1. 往树上爬。

面对凶猛的洪水，如果来不及往更安全的高处跑，往树上爬也是明智的选择。如果已经被洪水包围了，可以死死地抱住树干，等待救援。但要记住不要爬电线杆、土房的屋顶等。

2. 带上心爱的物品逃命。

当洪水来袭时，要把生命安全放在第一位，尽量不要携带对当下没有帮助的东西，可以携带篮球、足球，以及少量的食物等。

> 带上我最爱的车！

第六章 户外突发事件的应对与自救

3. 抓住救生物。

如果不幸被卷入洪水中，要保持冷静，脱掉鞋子以减少阻力，尽可能抓住身边的木板、树干、家具等漂浮物。如果没有物体可抓，就尽量仰着身子，使口、鼻露出水面，深吸气，浅呼气，等待救援。

安全小科普

洪水很容易造成水源或供水系统污染，影响饮水卫生，以致可能引发肠道传染病、寄生虫病等。在洪水期间，一定要注意饮水和饮食安全，不喝生水，不喝来源不明或被污染的水，只喝开水或符合卫生标准的瓶装水、桶装水。盛水器具必须经常消毒、清洗，保持干净。

给你一笔钱，
你想怎么花都可以！

第七章
拒绝虚拟网络的诱惑

- ☑ 沉迷网络游戏危害大

- ☑ 不与网友见面

- ☑ 不看不良的网络图片与视频

- ☑ 提防虚假信息诈骗

- ☑ 远离网络借贷

沉迷网络游戏危害大

网络游戏弊大于利，一旦沉迷其中，不仅会荒废学业，而且会影响身体和心理健康。

安全长大：给孩子的安全教育小百科

安全隐患

⚡ 长期沉迷网络游戏，会对身体健康造成不良影响，比如容易导致视力下降。

⚡ 影响学业，使成绩下降。

⚡ 变得不善交际，自闭。

安全要点

⊙ 不要长时间盯着电子屏幕看。

⊙ 远离网络游戏，不沉迷，学会自我控制。

⊙ 合理安排娱乐时间，适当玩儿益智游戏。

⊙ 不去网吧等不允许未成年人进入的场所。

对于网络游戏，以下做法正确吗？

1. 模仿游戏中的打斗场面或动作。

有些人觉得模仿游戏中的打斗场面或动作会让自己看起来很酷。其实，这样做不仅会造成一些不必要的危害，比如损坏家里的物品、伤到自己，而且还会让别人感到厌恶。

吃俺老孙一棒！

2. 玩儿虚拟恋爱游戏。

不要玩儿虚拟恋爱游戏，这很容易使玩儿游戏的人早熟、早恋，会影响正常的学习和生活，无法学会正确对待和处理现实中的感情关系，并容易受到精神伤害。

安全小科普

　　网络游戏很容易让人上瘾。有些游戏，游戏者只要不断地充值，就可以不断地闯关成功或成为游戏中更厉害的角色。因此，在玩儿游戏时，有些小朋友会忍不住充值买装备，为此，甚至向他人借钱，或是偷偷用爸爸妈妈的手机为游戏充值，在游戏中越陷越深，最后变得一发不可收拾。所以，我们一定要杜绝沉迷网络游戏。

不与网友见面

网络是虚拟的世界，我们认识的网友很可能是骗子、坏人，为了安全，一定不要与网友见面。

安全隐患

⚡ 对方的身份可能是虚假的，如果对方是人贩子，我们就很可能被诱拐。

⚡ 对方可能是骗子，我们可能被骗取财物，还可能遭到侵害。

安全要点

⊙ 大多数网友都是不可信任的，不要随意私下见网友。

⊙ 如果有必要见网友，就请爸爸妈妈陪同前往。见网友时，必须把安全放在第一位。要选择在白天、人多的地方见面，可以让对方先出现，自己在暗中观察，确认安全后再过去。

安全考场

进行网络社交，以下做法正确吗？

1. 随意添加陌生人。

　　这样做是不对的。不管身处哪个社交平台，都不要随意添加陌生网友。如果有陌生人想添加你为好友，不要同意。只有认识的人才可以互加好友。

2. 展示真实资料。

　　在社交平台，不要展示自己真实的姓名、地址、电话号码、年龄、头像等，暴露这些信息容易让坏人有机可乘。

安全长大：给孩子的安全教育小百科

安全小科普

　　网络是虚拟的世界，真假难辨。在和网友聊天时，不要随意泄露个人信息，比如自己在哪个学校读书，平时喜欢去哪里玩儿，爸爸妈妈在哪里工作，等等。这些信息如果被坏人利用了，会给我们的人身安全带来危害。

不看不良的网络图片与视频

网络上的一些暴力、低俗的图片和视频会给未成年人带来极坏的影响，一定要远离。

安全隐患

⚡ 不良的图片和视频会对学生的身心造成极大危害，使学生染上恶习。

⚡ 不健康的内容被不断传播，会使更多人受到不良影响，引发更多不文明行为。

安全要点

◉ 高度警惕，自觉抵制低俗、暴力等不健康的网络内容。

◉ 坚决不传播不健康的网络内容。

安全考场

 浏览网页时，以下做法能避免不健康内容的危害吗？

1. 点击弹窗内容。

上网时，网页上会时不时地出现有诱惑内容的弹窗。我们不要被弹窗中的图片或视频吸引而点击，要立即关闭弹窗，避免被不良内容影响。

2 点击他人发的不良视频。

如果有人通过社交软件向你发送一些内容不良的图片或视频，一定不要点开观看，而是要立即删除。如果对方是认识的人，要告诉他不要再发这样的内容；如果对方是陌生人，要立即将其从好友列表中删除。

安全小科普

网络虽然为人们带来了极大的便捷，但它的危害也不可小觑。经常浏览一些不良网站，产生的危害是巨大的：一是污染、危害身心，自控能力较差的人还可能走上歧途；二是导致病毒入侵，在浏览、下载的过程中，病毒会悄悄地进入手机和电脑，导致个人信息被盗取，账户安全失去保障。

安全长大：给孩子的安全教育小百科

提防虚假信息诈骗

网络诈骗、短信诈骗的方式和花样层出不穷。面对各种诱惑，我们要高度谨慎，严加提防，不贪小便宜，以免上当受骗。

安全隐患

⚡ 点开不安全链接，会导致手机或电脑中毒。

⚡ 轻信诈骗信息，钱财被骗。

安全要点

⊙ 不要轻信获奖信息。

⊙ 带有链接网址的信息，千万不要随意点开。

⊙ 不要打开来历不明的邮件。

安全考场

 下面的做法安全吗？

1. 收到中奖短信，打电话过去确认。

收到中奖短信，若为了验证真假，直接回拨电话询问，这很容易跳进骗子设的圈套。安全做法是把短信内容告诉爸爸妈妈，听取他们的意见。

我是不是中奖了？

2. 收到被罚信息，感到担惊受怕，回拨电话确认。

当收到被罚信息时，不用害怕，这多半是诈骗分子利用我们的恐惧心理，想通过恐吓的方式让我们上当。在第一时间把短信内容告诉爸爸妈妈就好，千万不要回复信息、回拨电话。

赶紧打电话确认一下！

安全小科普

诈骗分子行骗时，首先会设法取得我们的信任，然后再骗取财物。在建立信任的过程中，诈骗分子会用各种手段迷惑我们。因此，我们要树立反诈骗意识，克服不良心理，比如贪便宜心理、恐惧心理等，保持应有的清醒，做到三思而后行，这样就可以极大地避免上当受骗。

第七章　拒绝虚拟网络的诱惑

远离网络借贷

　　树立正确的消费观念非常重要，不要在网络上借钱，它的危害太大了。

安全长大……给孩子的安全教育小百科

安全隐患

⚡ 若没有能力还钱，利息会越滚越多，最后导致巨大的财产损失。

⚡ 还不上钱，会被追债，导致身心受到伤害。

⚡ 觉得借钱容易，以致养成花钱无节制的恶习。

安全要点

⊙ 不接触任何网络贷款。

⊙ 树立正确的消费观念，不和他人攀比。

⊙ 保管好自己的个人信息和证件。

安全考场

 树立正确的消费观念很重要。以下想法或行为正确吗？

1. 平台借钱很容易，花点儿钱不算什么。

这种想法要不得，毕竟我们目前还不会赚钱，借的钱最后还得需要爸爸妈妈来还。

2. 发现自己有网络贷款，及时求助。

如果一时冲动，没能控制住自己，进行了网络贷款，一定要及时向爸爸妈妈求助，不要因为害怕被骂就藏在心里不说，否则利息会越滚越多，最后会造成更大的损失。

 安全小科普

校园贷是指学生向贷款平台提供学生证、身份证，以及家人的联系方式或家庭住址，即可获得上千元甚至上万元的贷款。校园贷的门槛非常低，一旦掉入这个陷阱，我们就被套住了，为了还钱，借东补西，以贷还贷，最后债务越积越多。有些不法分子甚至以恐吓、威胁、殴打等手段暴力讨债，对学生的人身安全、名誉及家庭造成极大危害。我们一定要抵御各种诱惑，远离校园贷。

第八章
解开心结，让自己开朗、豁达、向上

- ☑ 有厌学、逃学心理该怎么办

- ☑ 害怕见人怎么办

- ☑ 嫉妒让自己难受不已

- ☑ 爸爸妈妈离婚了该怎么办

有厌学、逃学心理该怎么办

一上学、一学习就心烦，总想找各种理由逃避怎么办？对此，我们要正视自己的状态，及时有效地消除抵触情绪。

安全隐患

⚡ 长期的厌学情绪如果得不到排解，就可能会产生忧郁、抑郁情绪。

⚡ 厌学、逃学不仅影响学业，还可能让我们在外跟着某些人学坏，甚至发生意外。

安全要点

⊙ 我们发觉自己有厌学情绪时，一定要及时和爸爸妈妈交流、沟通。

⊙ 逃学会带来严重的后果，千万不要轻易尝试。

⊙ 一旦自己一时冲动逃学了，在外一定要注意人身安全，保持头脑清醒，不要结交不良朋友。

安全考场

当出现学习方面的心理问题时，以下做法正确吗？

1. 学习压力大，干脆不学了。

有些学生觉得老师讲的知识太难，作业太多，爸爸妈妈又总是施加压力，就渐渐产生了厌学情绪，有的甚至干脆放弃不学了，这是不对的。我们一旦有这种情绪，一定要及时和爸爸妈妈沟通，告诉他们自己真实的感受，这是对待厌学情绪最好的办法。

2. 鼓动或跟随小伙伴一起逃学。

有些学生学习时一遇到困难就想逃避，甚至鼓动或跟随有同样心理的小伙伴一起逃学。这样做是错误的，千万不要这样做。逃学的后果是很严重的，被批评是小事，更重要的是影响自己的学习和前途，而且，在社会上游荡时，很可能被一些不良分子利用或教唆，以致走上违法犯罪的道路。

安全小科普

　　一个人的学习成绩与许多因素有关，除了智力水平以外，努力程度、学习方法及学习习惯也很重要。想要改善自己的学习状况，提升自己的学习成绩，首先要保证充足的睡眠，并要坚持运动，健康的身体和良好的状态是学习的基础；其次要主动学习，保持专注力，把学习当作一件长期的事情，每天进步一点点，就会不断超越自己。

害怕见人怎么办

　　自卑容易使人产生社交焦虑，害怕见人。只要自信起来，就可以重新获得勇气。

安全长大：给孩子的安全教育小百科

安全隐患

⚡ 见人就躲避，容易让他人产生误解。

⚡ 自卑，会淡化人的追求，消磨人的信念，使人变得消沉。

安全要点

⊙ 不要过于在意别人对自己的评价。

⊙ 不要总是消极地推测他人对自己的看法。

⊙ 积极回应别人善意的举动，避免让自己更加孤立。

安全考场

 面对社交焦虑，以下心态和做法正确吗？

1. 觉得自己很失败，不想见人。

我们可能偶尔会觉得自己很失败，不想见任何人。这种逃避、消极、悲观的心理谁都可能存在。我们要做的就是坦然面对，不断进行自我暗示与鼓励，调整自己的行为，多和好朋友说说话，跳出自卑的泥坑。

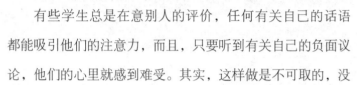

2. 过于敏感，很在意别人的评价。

　　有些学生总是在意别人的评价，任何有关自己的话语都能吸引他们的注意力，而且，只要听到有关自己的负面议论，他们的心里就感到难受。其实，这样做是不可取的，没人会时刻关注别人，我们大可不必觉得别人总在议论自己、评价自己，否则只会让自己深受困扰。

 安全小科普

　　社交焦虑，是指一个人在与他人交往的过程中，感到不舒服、不自然、紧张甚至恐惧的一种情绪体验。一个人出现社交焦虑，常与自卑心理有关，而不少自卑心理源于他人的语言打击。我们平时一定不要过于在意他人的负面言语，可以忽视或有选择地忽视这些话语，这样可以避免掉入自卑的陷阱。

嫉妒让自己难受不已

　　我们偶尔会产生嫉妒心理，这在成长中是不可避免的。嫉妒心理并不可怕，正确看待它并善用它，会让我们变得更加优秀。

145

安全隐患

⚡ 把别人当成嫉妒对象和假想敌，浑身带刺，会使我们充满紧张不安的情绪，造成内耗，浪费自己的时间和精力。

⚡ 不愿承认别人优秀，不愿看到别人比自己优秀，这也是嫉妒心理的一种表现。这种心理会使我们情绪低落、烦躁，甚至可能会使我们产生偏激行为。

安全要点

⊙ 正确看待别人的优点，要有向他人学习的心态。

⊙ 要善于把嫉妒心理转化为前进的动力。

⊙ 即便我们确实不如别人优秀，也不用自卑，因为每个人都有自己的优势，要学会发现自己的长处和闪光点。

安全考场

当嫉妒心理出现时，以下想法或做法可取吗？

1. 他什么都比我强，不跟他玩儿了。

　　这种想法是不可取的。别人不会因为你的逃避而变得不好，而你却会失去与优秀的人一起成长的机会。勇敢面对，你才能变得越来越优秀。

2. 承认别人的优秀，找准自己的定位就好。

　　有这样的认识很好。天外有天，人外有人，我们只要对自己有清楚的认知，找准自己的定位，发挥自己的特长，学习他人的长处，就一样可以变得更加优秀。

安全小科普

　　产生嫉妒心理的主要原因是缺乏自信，在与别人比较和竞争时，尤其容易表现出来。嫉妒心理通常有三种表现方式：一是自己的内心感到痛苦；二是通过言语发泄出来，伤害别人；三是用一些具体行为伤害别人。可见，嫉妒心理既伤人又害己。当我们有这种心理时，不妨以此为契机，学着让自己变得豁达、大度。

爸爸妈妈离婚了该怎么办

爸爸妈妈离婚了，我们会感到伤心、无助或恐惧，但请记住，即使他们不在一起了，他们对我们的爱也是不会变的。

安全隐患

⚡ 爸爸妈妈离婚，感觉自己被遗弃了，变得自卑。

⚡ 心情不好，什么事情都不想做，对生活和学习失去了信心。

安全要点

⊙ 不要把郁闷憋在心里，可以找要好的朋友谈谈心。

⊙ 不要离家出走，这是很危险的行为。

⊙ 不要过度悲伤，要好好照顾自己，也要试着理解爸爸妈妈的选择。

爸爸妈妈离婚了，以下做法正确吗？

1. 大哭一场，宣泄情绪。

　　这种做法是可取的。爸爸妈妈离婚了，我们很担心自己被遗弃，对未来充满恐惧，心里很难过。这时如果想哭就哭吧，把心里的不快发泄出来，心情就会平和一些。千万不要做傻事，爸爸妈妈即使离婚了，他们也依然会爱你。

2. 把自己的感受以及希望他们和好的想法告诉爸爸妈妈。

　　把自己的想法告诉爸爸妈妈，也许他们会和好。如果确实无法挽回，那说明他们真的不适合在一起了。总之，把自己的感受告诉爸爸妈妈，这样做是正确的。我们都需要学会勇敢地面对生活中的变故，学会接受现实。

安全考场

安全小科普

爸爸妈妈离婚，可能是因为感情不和，也可能是希望追求更好的生活，因为每个人都有追求幸福的权利。爸爸妈妈离婚虽然意味着一个家庭的解体，并可能对孩子造成巨大的负面影响，但我们如果知道爸爸妈妈的婚姻无法挽回，就要选择相信他们在这段婚姻中已经尽力了，我们也要勇敢起来，让自己快乐下去。